AF612077

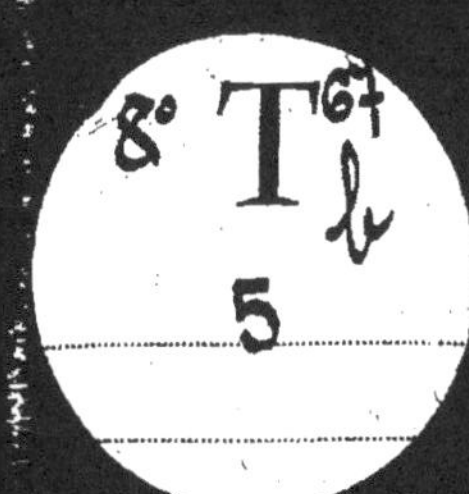
8° T67 b
5

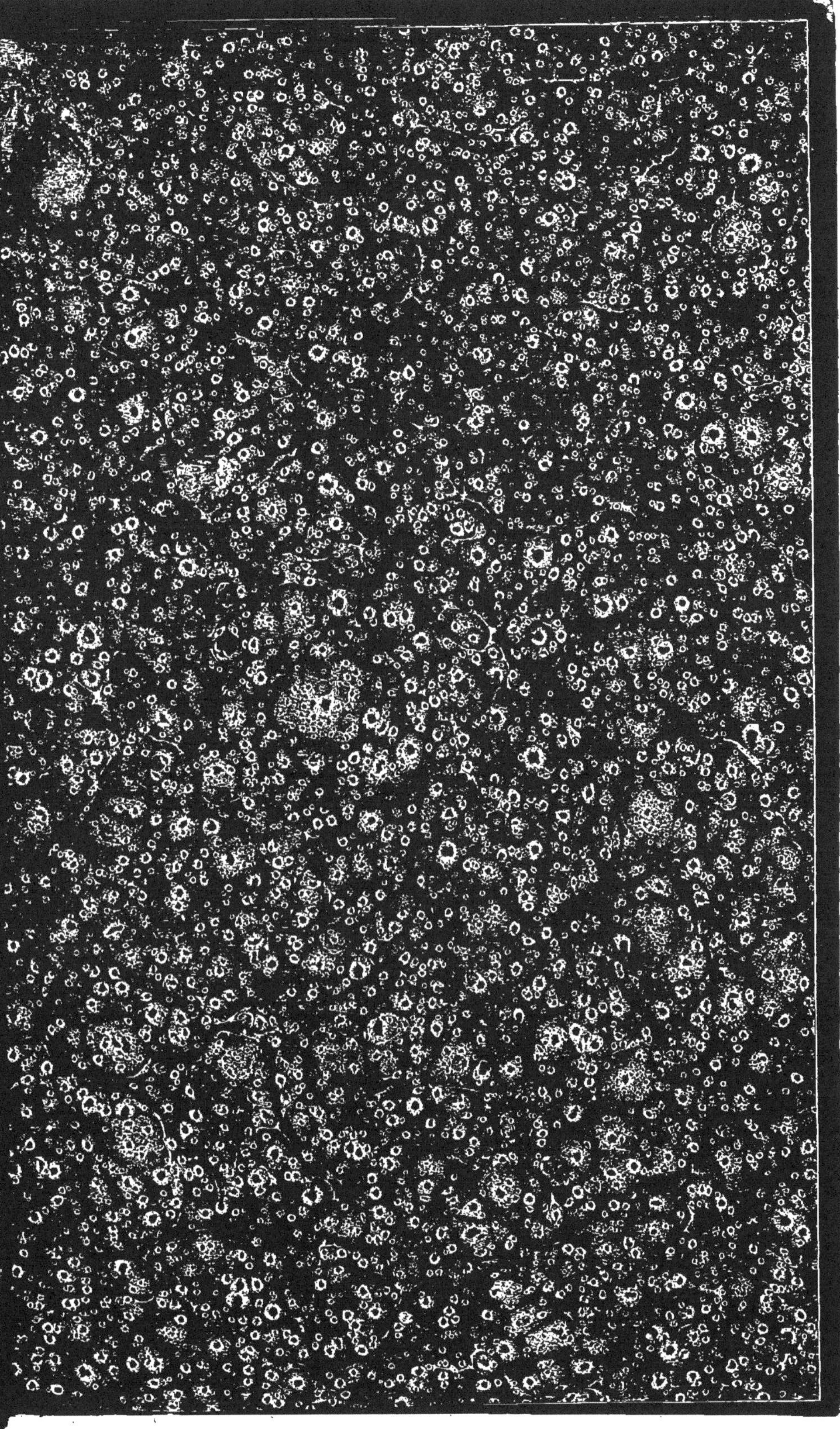

THÉORIE
DE LA
MENSTRUATION.

DE L'IMPRIMERIE DE A. BELIN.

THÉORIE
DE LA
MENSTRUATION,

FONDÉE SUR LES CARACTÈRES NATURELS DE LA VIE DES ORGANES, ET PARTICULIÈREMENT DE L'ACTION NERVEUSE;

Par M. P. ALEXANDRE SURUN,

Docteur en médecine de la Faculté de Paris, ex-chirurgien des Gardes-d'Honneur, membre résidant de la Société de Médecine de Paris, etc.

Mémoire lu à la dite Société, dans sa séance du 20 octobre 1818, et accueilli par elle.

> Voilà la règle de la nature.
> Pourquoi la contrariez-vous?
> J. J. ROUSSEAU.

A PARIS,

Chez CROULLEBOIS, Libraire, rue des Mathurins-S.-Jacques, n°. 17;

Et chez L'AUTEUR, rue de Fourcy-Saint-Paul, n°. 3.

1819.

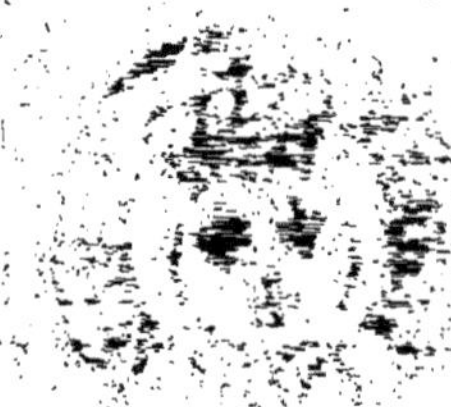

AVANT-PROPOS.

DEPUIS bien du temps on fait de vaines tentatives, pour dévoiler le mystère qui, jusqu'à présent, paraît envelopper la Théorie de l'écoulement sanguin périodique, auquel est assujetti le sexe. On doit applaudir aux efforts que font les médecins à cet égard ; HALLER lui-même les y encourage, en leur prédisant qu'ils découvriront enfin un jour l'objet de leurs constantes recherches. Animé du désir d'être utile à la science, nous avons essayé d'atteindre ce but. Si nous n'avons pas saisi la vérité tout entière, nous croyons au moins avoir aperçu les principaux traits de ce prétendu esprit particulier, qu'on accorde assez gratuitement à l'organe, chargé de l'incubation du germe reproducteur. Nous osons nous flatter que le résultat des réflexions, auxquelles nous nous sommes livré sur cette partie profondément obscure de la physiologie, y répandra quelque lumière, et qu'il sera assez pourvu d'intérêt, pour qu'on ne nous sache pas mauvais gré de notre détermination à le faire connaître.

Nous ne ferons pas l'histoire des hypothèses émises jusqu'à présent, sur le sujet dont nous traitons; elles n'ont aucun rapport avec ce que nous avons à dire. Tout ce qu'on a écrit là-dessus n'est fondé sur aucun véritable principe. Il y aurait une foule d'objections à faire touchant cette pléthore sanguine, qui paraît la chose la plus spécieuse à la plupart des physiologistes. Je me contenterai d'en faire une; c'est que c'est mal envisager la vie, que de faire jouer un rôle si étendu et d'accorder une action indépendante à un fluide, dont presque toutes les conditions, et surtout la composition et les proportions, sont subordonnées elles-mêmes à une puissance bien plus dominante, plus générale, dont les ressorts sont mille et mille fois plus nombreux qu'on ne pense. Telle est l'action du principe qui émane des nerfs, ou qui est dirigé par eux.

La structure et l'organisation de la matrice sont assez connues, pour épargner au lecteur l'ennui de longues descriptions anatomiques. On se rappellera seulement que son tissu est tellement disposé, qu'il est très-propre à se dilater, s'épanouir et à recevoir une grande quantité de fluides, pendant la gestation. Nous pensons qu'il montre la même disposition, non-seulement pendant cette dernière fonction, mais encore dans tous les états de l'utérus, depuis l'époque de la puberté, jusqu'à l'âge critique.

C'est en grande partie à cette faculté organique, que nous rapportons les phénomènes, dont la matrice est le siége, dans l'état de vacuité; c'est sur son existence et sur le mode d'action des puissances de l'organe, que nous fondons la base de ce travail. Nous nous sommes particulièrement attaché à l'étude de ces dernières, et nous croyons pouvoir les envisager bien différemment qu'on ne l'a fait jusqu'ici. Nous sommes presque assuré qu'elles ont un grand rapport avec celles de la vie générale, qu'elles ne forment point un groupe séparé, comme on le pense généralement, et que c'est à tort qu'on a toujours exclu la vitalité de la matrice des recherches comparatives, faites en physiologie. On s'imagine que la nature, qui toujours se montre avare de moyens, en a créé de nouveaux pour cet organe; qu'elle l'a pourvu d'un mode d'existence *sui generis*; et qu'elle a ainsi placé une vie particulière dans la vie générale.

Une autre erreur non moins grande, c'est qu'on se persuade que cet organe est doué de plusieurs modes d'action. On juge de cette circonstance sur la variété des phénomènes qui lui sont propres. On ne fait pas attention que son organisation restant toujours la même, le jeu de ses propriétés toujours identiques, doit constamment donner lieu à des résultats semblables. D'ailleurs on ne voit pas du tout à quelle fin, et surtout comment la nature aurait accordé plusieurs vies, pour ainsi dire, à l'organe auquel elle a confié une fonction déjà assez importante par elle-même.

Nous croyons que le but constant de l'action utérine, à partir de l'époque de la puberté, jusqu'à l'âge critique, est la gestation, comme la circulation pour le cœur, la respiration pour les poumons, la digestion pour l'estomac, etc. Cette action est continuellement et exclusivement dirigée vers cet objet, et ce n'est que parce que ce dernier n'est pas rempli, qu'elle donne naissance à des phénomènes autres que ceux qui lui sont assignés par la nature. On observe à peu près la même chose dans certains organes, privés de leur fonction naturelle. Si l'action de l'estomac, qui donne lieu à l'appétit, n'est pas secondée par la présence des alimens, bientôt elle se transforme en un acte contre nature, en un sentiment pénible, que nous nommons la faim. Presque tous les organes internes agissent préalablement à l'arrivée de leur excitant; la matrice en fait autant. Quelques uns, comme l'estomac, ne peuvent s'excercer que peu d'instans, sans le secours de cet excitant; la matrice agit environ un mois sans lui.

Certains organes internes ne sont pas assujettis au repos; nous croyons que la matrice se place au même rang, à l'époque de la puberté; nous pensons qu'elle est le siége d'un mouvement continuel; que ce mouvement repose sur les mêmes lois, dans l'état de vacuité et dans celui de plénitude de l'organe; et qu'il ne présente de différences, dans l'un et l'autre cas, que dans sa durée et la nature des phénomènes qui l'accompagnent.

Les considérations, d'après lesquelles nous avons fixé nos idées dans ce travail, ne laissent pas que d'être très-nombreuses; elles sont fondées sur l'observation des caractères naturels de la vie des organes, et il me semble qu'elles rapprochent d'une manière satisfaisante le mode d'action de la matrice, de celui des autres parties. Elles mettent son histoire mieux en rapport avec l'esprit philosophique de la science.

Je crois être fondé à envisager les lois de la vie d'une manière différente de celle généralement suivie d'après HALLER et BICHAT. C'est par une étude approfondie, autant qu'il a été en mon pouvoir, de l'action nerveuse et de ses caractères, que j'ai été conduit aux divers résultats, que je soumets à l'opinion, relativement à la vitalité de l'utérus.

Dans l'état actuel de nos connaissances, ne doit-on pas nécessairement rattacher la sensibilité et la motilité des organes, de quelque classe qu'ils soient, à l'influence des nerfs et du principe qu'ils dirigent; et leur mode d'action à la structure propre de chacun, à cette organisation spéciale, qui détermine aussi le caractère des sensations extérieures? j'ose même ici révoquer en doute l'impossibilité, reconnue jusqu'alors, d'étendre cette proposition à l'irritabilité, prolongée au-delà des limites de la vie. Peut-être enfin reconnaîtrons-nous les nerfs, comme les principaux agens du principe vivifiant, qui anime toutes nos parties, tant solides que fluides : principe dont l'existence a été admise ou soupçonnée par les physiologistes doués d'un plus grand génie, mais toujours mal conçue et vaguement exprimée (a).

La matrice reçoit ses nerfs comme les autres organes, dont elle ne diffère que par sa configuration et sa structure particulières. Qu'importe, cette disposition physique ? elle n'a aucun rapport avec la nature des puissances organiques (b). Voit-on souvent, dans la vie dite intérieure, deux

---

(a) C'est ce même principe qui donne la vie aux petits vaisseaux qui sont soustraits à l'action immédiate des nerfs, dans les animaux, comme dans les végétaux. La nature ne lui a composé, ou plutôt il ne s'est créé lui-même un appareil particulier, que pour des parties et des êtres plus compliqués et plus vivans. Ce n'est que pour plus de facilité, et pour nous conformer autant que possible à l'usage reçu, que nous jugeons convenable d'admettre des propriétés pour les petits vaisseaux, auxquelles nous donnons le nom de sensibilité et de motilité *vitales capillaires*; *isolées* dans quelques cas chez les animaux, et dans tous les autres *réunies* à l'action nerveuse ou *dominées* par elle.

(b) Par organiques, on entend ici et dans tout le courant de ce traité, ce qui concerne les organes, sans égard au siége qu'ils occupent.

organes qui se ressemblent? à l'exception de quelques glandes, il n'y en a pas; il y a plus de disparité sous ce rapport entre les poumons et l'estomac, qu'entre ce dernier et la matrice. Cependant on n'a pas été tenté de rechercher diverses propriétés pour chacun d'eux; c'est toujours la sensibilité et la motilité organiques, qu'à la vérité on a envisagées jusqu'ici d'une manière trop abstraite, et auxquelles on a accordé des caractères trop peu déterminés. En les rattachant à l'action nerveuse, on établit les liens naturels de toutes les fonctions d'organes, et l'on n'a plus de raison pour ne pas étudier celles de la matrice sous le même point de vue général que les autres.

Des principes que nous professons sur les usages des nerfs, nous ne pouvons faire connaître ici, que ceux qui ont un rapport plus ou moins direct avec l'histoire de la menstruation, qui d'ailleurs ne diffèrent pas trop de ceux généralement reconnus, et dont plusieurs ont déjà été analysés par des physiologistes distingués.

Les méditations, que j'ai dirigées sur un système, de rapprochemens m'ont amené à des considérations sur l'action de l'estomac, pendant l'appétit et la faim. Je crois avoir indiqué la véritable nature de ces deux sensations internes. Je parle aussi du mécanisme de l'érection : je compare le développement et le mouvement de la matrice avec ceux des parties extérieures de la génération.

Je ne me dissimule pas qu'un sujet important et nouveau, comme celui que je traite, peut fournir de nombreux alimens au scepticisme et aux objections : aussi est-ce pour m'assurer de la sincérité et de l'impartialité des observations dont il ne manquera pas d'être l'objet, que je le soumets au tribunal d'un corps savant. Du reste, mon but sera à peu près atteint, si je parviens à diriger vers lui l'attention des observateurs, dont le fruit peut amener des conclusions plus décisives que toutes celles que j'ai su présenter dans cet opuscule. Je ne dois cependant pas taire que, rattachant le problème de la menstruation à une nouvelle doctrine physiologique, sa solution nous inspirerait nécessairement plus de confiance en cette dernière. Il est tout naturel de penser que la meilleure en ce genre doit être celle qui embrasse un plus grand nombre de points, et qui laisse moins de vide dans la science. Il nous importe donc beaucoup que nos efforts soient couronnés de succès.

THÉORIE
DE LA
MENSTRUATION.

CHAPITRE PREMIER.

Aperçus généraux sur l'influence des deux systèmes nerveux.

1. L'ORGANISATION de la matrice supposée connue, il convient de savoir quel mode d'influence nerveuse, la nature lui a départi. Nous ne pouvons parvenir à ce but, qu'en examinant succinctement les conditions générales de l'action des deux systèmes nerveux. C'est par des rapprochemens et des comparaisons successives, que nous arriverons à la connaissance de la vitalité de l'organe, qui fait l'objet de notre examen.

Ces deux systèmes ont de nombreuses connexions, telles, même, qu'on ne doit plus croire que leur action soit indépendante l'une de l'autre. Non-seulement des corrélations multipliées, sont établies entre leurs deux centres; mais encore ils se trouvent souvent réunis, par leurs branches, dans les mêmes organes.

De cette dernière disposition, naît un certain nombre de circonstances favorables à l'étude comparative de l'action de chaque système. On peut alternativement la considérer dans les organes où chacun se trouve isolé, et dans ceux où ils sont associés. Les caractères particuliers, qu'on observe, ont déjà été indiqués en partie, dans un mémoire qu'on doit à M. Roux (1); mais ce savant physiologiste n'a pas étendu ses considérations jusqu'à la matrice; ensuite il ne s'est attaché qu'à faire ressortir les caractères distinctifs. Son intéressant mémoire signale les rapports intimes, que les organes internes ont avec leurs nerfs respectifs. Il a appelé l'attention des physiologistes sur les usages du trisplanchnique, en faveur desquels presque tous les doutes ont été dissipés depuis, par les lumières, qu'on a itérativement répandues sur ce point. On n'ignore plus, en bonne physiologie, que les nerfs des ganglions sont aux organes internes, ce que les nerfs du cerveau sont aux organes externes. Il ne reste donc plus qu'à bien apprécier les caractères qui sont propres à chacun d'eux et ceux qui leur sont communs. M. Roux, comme nous venons de le dire, a donné un aperçu des premiers, en faisant connaître les modifications, que chaque système imprime aux organes. L'étude des seconds, négligée

(1) OEuvres chirurg. de Dessaut, t. 3.

jusqu'ici, n'est pas sans doute moins intéressante ; je la crois on ne peut pas plus féconde en résultats.

II. Un des plus remarquables, qui a déjà été vu partiellement, qu'on soupçonne généralement, mais que l'on ne conçoit guère, c'est le type de continuité. Ce caractère établit entre les deux systèmes une analogie d'autant plus frappante, qu'elle est suivie d'effets à peu près semblables sur la vitalité des parties. Je ne doute pas que tous les nerfs jouissent d'une action générale, tacite, continuelle, qui influence sans interruption la circulation dans les grands et les petits vaisseaux, l'absorption, l'exhalation, la nutrition, la calorification, etc. Nous saisirons quelque jour l'occasion de développer cette proposition. Si l'on peut jusqu'à présent se refuser d'admettre, avec tant de latitude, la continuité d'action des nerfs cérébraux, on ne peut pas du moins s'empêcher de la reconnaître dans l'exercice plus étendu de parties plus compliquées, comme les poumons, le diaphragme, et tous les muscles de la respiration. La digestion stomacale n'est point interrompue par le sommeil. Chez la plupart des animaux, les intestins ne reçoivent que des nerfs ganglionnaires. Un anatomiste allemand (1) a vu

---

(1) Le docteur Wéber.

qu'ils étaient remplacés par les nerfs de la huitième paire, dans les poissons; on sait que les intestins agissent continuellement. L'examen attentif de plusieurs phénomènes de la vie, et de ceux qui accompagnent les premiers instans de la mort; l'opinion de quelques physiologistes, que je trouve très-prononcée dans Tissot; enfin les belles expériences de M. Legallois, prouvent de reste que les organes *vitaux* (1), et surtout le cœur, tirent en partie leur principe de vie de la moelle épinière. Je suis porté à croire que le cœur y puise seulement le principe de ses mouvemens, et qu'il a la plus grande part à l'influence générale, que le système nerveux cérébral exerce sur le ganglionnaire, par l'intermédiaire de la moelle rachidienne. Le cœur, disons-nous, bat sans aucune interruption.

Nous pensons que l'intermittence d'action des nerfs cérébraux n'existe que relativement au mode, qui exige un travail plus laborieux de leur part; comme l'exercice de toutes les fonctions de relation, la digestion stomacale, l'érection des parties extérieures de la génération, etc.

III. Si, abandonnant un instant le caractère que nous venons d'examiner, nous nous arrêtons da-

(1) Tissot, Traité des Nerfs, t. I.

vantage à l'identité des phénomènes, auxquels chaque action nerveuse donne lieu, dans son état d'isolement ou de réunion ; nous verrons d'abord les mouvemens musculaires, qui ne présentent de différences dans les deux vies, que celles qui dépendent des attributs extérieurs des nerfs, et de l'organisation. La circulation sanguine et lymphatique a, à peu de chose près, la même nature dans le domaine des deux systèmes nerveux. Il en est de même de l'absorption, de l'exhalation, de la nutrition, etc. La plupart des fonctions organiques internes se passent sous l'influence des deux ordres en même temps. Certaines glandes, situées peu profondément, doivent exclusivement leur action au système cérébral ; telles sont les mamelles, la prostate et toutes les muqueuses, qui sont de son domaine. L'expansion vitale des tissus est due tantôt au dernier, comme l'érection des parties extérieures de la génération, des mamelons, des lèvres ; tantôt elle est produite par les efforts combinés des deux ordres, comme on le remarque dans la matrice, dans les trompes, etc. En un mot, l'action nerveuse stimule partout et de la même manière à peu près, soit des fibres contractiles, soit des vaisseaux capillaires ; et ne donne lieu à des effets différens, que parce qu'elle a plus ou moins d'intensité, et qu'elle agit sur des molécules de nature et d'organisation variées (c).

CHAPITRE SECOND.

De la vitalité de l'utérus, comparée à celle des autres organes de l'intérieur.

IV. Telles sont les données très générales, que nous avons cru utile de présenter, avant de passer à l'histoire plus particulière des rapports que la vitalité de la matrice a avec celle des autres organes. Les nerfs utérins sont de nature mixte : ils proviennent de l'intrication des deux ordres dans

(c) Ces considérations, fortifiées par beaucoup d'autres, qui ne peuvent trouver place ici, m'ont conduit à établir la distinction suivante des différens modes d'action nerveuse : *action nerveuse organique*, destinée à la fonction d'un organe ; *action nerveuse générale*, qui appartient à la vie de presque tous les tissus généraux, de manière qu'un organe peut être momentanément privé de la première, sans jamais perdre la seconde. Toutes deux se subdivisent en *cérébrale*, en *ganglionnaire* et en *combinée*. Il n'est pas nécessaire de dire que l'organique et la générale *combinées* résultent de la réunion des deux systèmes dans les mêmes parties. L'action nerveuse générale cérébrale comprend aussi l'influence habituelle, que le système auquel elle appartient exerce sur le ganglionnaire.

Cette distinction nous semble extrêmement favorable à l'étude des attributions nerveuses. Par exemple, on s'aperçoit facilement qu'il n'y a guère que l'organique le plexus hypogastrique. Il paraît cependant que cette disposition anatomique, commune aussi aux nerfs du cœur, les distingue peu des ganglionnaires. Ils ont seulement plus d'activité et plus de force. On n'aperçoit des modifications bien manifestes, que dans le jeu des organes qui reçoivent directement du cerveau ou de la moelle épinière des branches nerveuses particulières et distinctes, comme les poumons, le diaphragme, l'estomac. Or voici ce qu'on remarque en général à cet égard.

Les organes qui ne reçoivent pas l'influence

---

cérébrale, qui, presque tout entière, ait un besoin indispensable de repos; repos qui loin d'être partagé par la générale, est au contraire à son avantage : son activité, ainsi que celle d'une grande partie de l'organique combinée, augmentant pendant le sommeil. Ce n'est qu'accidentellement que l'action générale du système cérébral peut être suspendue. Elle n'est pas susceptible d'une tension, d'une exaltation vive et soutenue. Elle s'affaiblit promptement à la suite de cet état, et s'éteint souvent tout-à-fait. Dans ce dernier cas, le système ganglionnaire, après avoir ressenti vivement les effets de l'excitation passagère du cérébral, cesse d'en recevoir même l'influence naturelle. Les mouvemens du cœur, d'abord tumultueux, se ralentissent et se suspendent après quelques instans. La vie semble alors abandonnée, tout entière, aux propres forces du grand sympathique. Toutes les causes, qui tendent à porter l'action nerveuse générale cérébrale au-delà de ses limites, directe des nerfs du cerveau, sont absolument soustraits à l'empire de la volonté et de l'habitude. La matrice se trouve placée dans ces deux conditions. Si la gestation était volontaire, que de grossesses n'arriveraient pas à terme!

Le cœur et les intestins ne sont pas assujettis au repos, leurs mouvemens sont continuels.

---

naturelles, peuvent produire la syncope, ou bien seulement une débilité subite, accompagée ordinairement de pâleur et de refroidissement; telles sont les passions vives, la colère, la peur, une douleur forte, une opération chirurgicale, un accès de fièvre intense, de délire, de manie, de rage; l'ivresse, etc. C'est avec beaucoup de raison, que les Allemands ont comparé l'état de syncope au sommeil. C'est véritablement un repos de toute l'action nerveuse cérébrale.

L'action générale, étant liée avec tous les autres modes, s'affaiblit ou se supprime encore, lorsqu'un point quelconque des deux systèmes nerveux vient à être provoqué plus que de coutume; elle paraît se concentrer vers le siége de l'irritation. Toutes les autres parties semblent en être dépourvues; elles languissent; elles dépérissent. Telle est, je crois, la cause de la débilité générale, qui accompagne l'inflammation. Il y a à cet égard des différences, des nuances variées, suivant que la fluxion a son siége dans le domaine de l'un ou de l'autre système; mais il serait peut-être possible de les apprécier, en les rapportant aux caractères naturels de leurs différens modes d'action. C'est ce que nous nous proposons d'examiner incessamment, dans une question de physiologie-pathologique.

La matrice présente-t-elle aussi ce dernier caractère? L'analogie des circonstances précédentes me font pencher pour l'affirmative. Je considère ensuite que le propre de tous les organes qui sont soumis à l'intermittence d'action, est d'être plus ou moins influencés par la volonté ou l'habitude. Partout ce dernier attribut est inséparable du premier. Alors je ne vois plus de raison pour que la matrice, entièrement dépourvue de celui-ci, fasse exception à la règle générale : rapprochant au contraire toutes les autres considérations, que nous ferons connaître par la suite, je n'hésite plus à conclure que l'action de l'utérus est continuelle, à dater de l'époque de la puberté, jusqu'à l'âge critique; et qu'elle rentre sous ce rapport, comme sous les premiers, dans la même catégorie, que celle du cœur et des intestins.

V. Un des caractères les plus importans de l'action des organes, qui reçoivent des nerfs des ganglions, est d'être mise en jeu, non-seulement hors de la volition cérébrale, mais encore sans intervention connue d'aucune cause matérielle déterminante. Le cœur se dilate pour recevoir le sang, et non parce qu'il l'a reçu. Chez un animal vivant, on ouvre ses cavités, il continue de se mouvoir encore. Les intestins, dans l'état de vacuité, présentent les mêmes oscillations, que dans celui de plénitude; peut-être sont-elles seulement moins prononcées, dans le premier cas.

Il est bien peu douteux que l'utérus soit aussi le siége de mouvemens spontanés, hors de la gestation. Le jeu de sa sensibilité organique précède l'arrivée des fluides dans ses vaisseaux; la circulation y devient plus active, à mesure que cette faculté s'exalte. Cette exaltation augmente pendant quelques semaines, sans le secours de l'excitant naturel; la présence de celui-ci la prolonge plusieurs mois. De même que nous ne connaissons guère la cause qui, à la naissance, met en jeu la plupart des fonctions internes, ainsi nous ignorons comment la matrice acquiert son action nerveuse organique, et ne devient propre à remplir ses fonctions, qu'à l'âge de puberté.

Parmi les autres organes internes, qui sont susceptibles d'une action spontanée, l'estomac seulement sera l'objet de nos considérations; d'autant mieux, que nous trouvons plus de rapport entre les phénomènes qui lui sont propres, et ceux qui appartiennent à la matrice.

Quoique soumis à l'intermittence d'action, l'estomac entre presque toujours en exercice, avant l'introduction des alimens; et comme il obéit aussi à l'empire de l'habitude, ce moment arrive à des heures à peu près fixes, et quelques instans avant le repas. Son action organique nerveuse se prépare, se développe et s'exalte; le suc gastrique est abondamment secrété. Nous sommes facilement avertis de ce mouvement, au moyen de la communication nerveuse directe, établie entre l'estomac et le cerveau. Le sentiment auquel il donne lieu, et que nous nommons l'*appétit*, devient d'autant plus prononcé, que nous approchons davantage du moment de prendre de la nourriture. Bientôt il fait place à la sensation pénible de la faim, lorsqu'il n'est pas satisfait, lorsque nous différons trop de manger. Si l'on y manque absolument, l'action de l'estomac se prolonge quelques instans, accompagnée de douleurs plus ou moins fatigantes; enfin elle finit par tomber et s'éteindre, on n'a plus faim, on attendrait sans peine qu'elle recommençât de nouveau d'elle-même, pour prendre des alimens.

Ici le jeu de la sensibilité ou de l'action nerveuse organique ne peut durer si long-temps que dans la matrice, parce qu'elle est plus directement dépendante des nerfs du cerveau. D'ailleurs cette durée paraît proportionnée à celle de la fonction naturelle de l'un et l'autre organe. Ainsi la digestion stomacale emploie plusieurs heures;

quelques instans suffisent, pour faire disparaître l'appétit et la faim, quand on manque d'y satisfaire. La gestation dure neuf mois; le jeu habituel de la matrice, hors de cet état, se soutient vingt-huit à trente jours. S'il y a plus de variations dans le premier cas et plus de régularité dans le second, cela tient encore à la nature des nerfs. La mobilité nerveuse cérébrale influence nécessairement l'intensité et la durée de la faim. Une forte application du cerveau vers quelque autre objet, rend ce sentiment très-limité.

L'un et l'autre mouvement organique n'arrivent à leur dernier terme, que parce que la fonction naturelle n'a pas lieu. De même que l'estomac est propre à recevoir des alimens tous les instans, qui accompagnent la manifestation de l'appétit et de la faim, ainsi la matrice est disposée à recevoir le germe, tous les jours qui précèdent et qui suivent l'écoulement sanguin.

On s'aperçoit que nous sommes conduits à comparer le mouvement utérin, antérieur à l'issue des règles, à l'appétit des alimens, l'époque menstruelle à la faim, et la gestation à la digestion stomacale. Puissions-nous ne pas nous abuser! mais poursuivons, et surtout ne nous arrêtons pas aux mots.

VI. Je me permettrai de dire en passant, qu'en

général on a donné trop d'extension à l'idée, qu'on doit avoir des excitans des organes internes. Ils ont rarement pour but de déterminer l'action des parties; ils paraissent plutôt destinés à la soutenir, à lui donner plus d'étendue, plus d'activité. Si quelques uns agissent ordinairement en vertu d'une excitation, c'est que leurs nerfs cérébraux sont prépondérans, et qu'ils dominent le système ganglionnaire. Les organes qui sont sous l'empire exclusif de ces nerfs, présentent ce caractère au plus haut degré; ils ne s'exercent presque jamais sans stimulans, ou sans l'intervention de la volonté et de l'imagination (d). Après la vessie et le rectum, je ne vois guère qu'un autre organe interne, dont l'action soit mise en jeu par son excitant, quoique d'une manière peu naturelle. Ainsi nous avons dit que l'estomac commençait ordinairement à agir avant l'arrivée des alimens; mais on mange souvent sans attendre l'appétit, et quelquefois peu d'instans après le dernier repas. Alors l'estomac est sollicité par la présence des alimens, et la digestion est forcée, pour ainsi dire. Je suis presque assuré qu'il n'en serait pas de même si

(d) Il n'est question ici que de l'action organique cérébrale, la générale se comporte tout autrement.

la matrice se trouvait en repos, lorsqu'un germe venu des ovaires, pénètre dans sa cavité ; sa sensibilité organique ne serait pas si promptement stimulée, et l'œuf courrait les risques de perdre la vie dont il est déjà pourvu, en attendant ce réveil.

VII. Je suis aussi tenté de croire que si la matrice était dans l'état d'inertie, au moment de la copulation, elle ne remplirait pas le but de la nature. Pendant cet acte, l'action nerveuse de tous les canaux extérieurs que traverse la semence, est exaltée à son plus haut degré, comme pour protéger le précieux dépôt confié à la liqueur, chargée de porter la vie au germe. Eh bien, si la matrice était dans une inaction absolue, elle agirait sur le fluide prolifique, à peu de chose près, comme les tubes inertes. D'ailleurs on ne conçoit pas comment ce fluide pénétrerait et parcourrait librement l'intérieur de l'organe, si celui-ci n'était lui-même le siége d'une exaltation vitale. On sait bien, on est bien accoutumé de dire, qu'il exerce sur la semence une espèce d'attraction, d'aspiration. Comment cela aurait-il lieu, s'il était dans un repos parfait? On ne peut pas supposer raisonnablement que l'orgasme de courte durée, qui accompagne le coït, soit partagé par la matrice, vu le peu de mobilité et la marche lentement progressive de son action organique. Combien voit-on de femmes passives, pour ainsi dire, dans cet acte, ou qui ne s'y livrent qu'avec répugnance, et qui cependant deviennent enceintes? Je ne parle pas de celles, dont toutes les facultés génératrices sont anéanties par un usage abusif et contre nature.

La conception peut s'opérer dans tous les instans, les mêmes conditions sont nécessaires dans les cas, or l'action utérine est donc assujettie au type de continuité, dans l'état de vacuité.

VIII. Une autre condition de l'action nerveuse mérite de fixer notre attention. Elle tient à un état anomal, et s'observe surtout dans les organes soumis à l'intermittence d'action. Pour se maintenir dans l'état d'intégrité, l'action nerveuse organique doit conserver son exercice habituel, et ne pas être livrée à un repos trop prolongé. Toutes les fois qu'elle reste long-temps privée d'excitans, elle perd ses attributs naturels, elle devient impropre à remplir la fonction qui lui est confiée. Ceci est principalement vrai pour l'action des organes externes, qui sont livrés à un repos absolu, dès qu'ils cessent d'être mis en rapport avec leur excitant; mais il est bien reconnu qu'il en est de même de l'estomac. Quelles précautions ne faut-il pas prendre, pour rendre à cet organe son rhythme habituel, lorsqu'on a resté trop long-temps privé de nourriture, ou qu'on n'en a pris qu'en très-petite quantité? Le même inconvénient eût sans doute eu lieu, et avec des conséquences plus graves, dans les organes, qui ne reçoivent pas directement des nerfs du cerveau, ou de la moelle de l'épine, s'ils étaient susceptibles, pendant la vie, d'être condamnés à un repos de longue durée. Les intestins, tout en s'agittant sans interruption, n'en éprouvent pas moins une altération profonde, dans l'abstinence trop sévère et trop prolongée des alimens.

La matrice, dont l'inaction paraîtrait ne devoir entraîner aucun danger pour l'individu, a cependant eu en partage la faculté d'agir sans cesse, en l'absence de son excitant naturel : c'est un don indispensable à l'exercice de sa fonction, et à la reproduction de l'espèce. Il est presque ostensible que, sans lui, cet organe eût été totalement dépouillé de son aptitude à la gestation, dans les longs intervalles qui séparent ses retours, et qui souvent se composent d'un grand nombre d'années. Avant l'âge nubile, comme après l'époque critique, l'utérus repose et vit sous l'influence des propriétés des petits vaisseaux et de l'action nerveuse générale. La nature fait de grands efforts pour le mettre en possession de son action organique; mais une fois que ce but est rempli, il ne cesse plus de s'exercer, et d'exécuter des mouvemens analogues à celui qui constitue la gestation. Du reste il est de remarque que les femmes qui sont parvenues à un certain âge sans enfans, sont moins propres que d'autres à en avoir; ce qui prouve que l'action de la matrice, comme celle des intestins, s'altère par la privation de son excitant naturel.

Nous pensons en avoir dit assez sur le rhythme de la sensibilité organique de cet organe, pour passer à l'histoire des phénomènes, dont il est le siége, dans l'état de vacuité. Ainsi, nous connaissons, jusqu'à présent, que cette faculté organique, comme celle de presque tous les organes qui reçoivent des nerfs du grand sympathique, s'exerce indépendamment d'aucun excitant; un mois est la durée de l'exaltation progressive, dont elle est susceptible dans cet état. Comme celle du cœur et des intestins, elle n'est pas soumise à la volonté ni à l'habitude; comme elle encore, elle est continuellement en jeu. Enfin, de même que l'action nerveuse de tous les organes, elle serait exposée à s'altérer et même à s'éteindre dans l'inaction; en sorte qu'on peut regarder le mouvement de la matrice, hors de la gestation, comme le résultat nécessaire de la tendance continuelle à l'action, départie à cet organe.

CHAPITRE TROISIÈME.

Phénomènes qui accompagnent l'exercice de l'action nerveuse organique de l'utérus, hors de la gestation.

IX. Nous allons tâcher d'achever l'histoire de la sensibilité nerveuse organique de la matrice, en faisant celle des phénomènes, dont cet organe est le siége, dans son état de vacuité. Dans cette étude, nous serons exposés à quelques répétitions, mais ce sera, j'ose le croire, au profit de la vérité. Ce sont surtout la singularité et la variété de ces phénomènes, qui en ont tant imposé aux physiologistes. Tous ont échoué dans la recherche de leur cause et de leur nature. Plusieurs ont constamment évité d'aborder cette question, l'écueil de toutes les doctrines physiologiques, connues jusqu'alors.

Il n'est pas étonnant qu'un grand nombre de phénomènes aient échappé aux partisans de l'irritabilité Hallérienne : on ne va pas loin, quand on prend des effets pour des causes. Cette propriété, prétendue fondamentale, ne pouvant être mise en jeu, qu'en vertu des excitans, comment expliquer l'action des organes, lorsqu'ils ne sont pas excités? Comment se rendre compte des actes spontanés de la vie? Y parvient-on mieux, en réduisant, à l'exemple d'ARISTOTE, chaque phénomène en loi particulière? Non sans doute ; ce n'est qu'éloigner les difficultés, sans les résoudre ; c'est abuser des mots et des méthodes.

X. L'érection naturelle des tissus a pour cause efficiente l'exercice simultané de puissances essentiellement vitales : elle est fondée sur l'influence, que l'action nerveuse organique a sur les propriétés des petits vaisseaux. Lorsque cette faculté entre en jeu, elle communique une impulsion bien manifeste à la sensibilité vitale capillaire : cette dernière cède, s'exalte, et l'action des vaisseaux, qui en jouissent, devient beaucoup plus active, ils s'épanouissent, et reçoivent une plus grande quantité de fluides. C'est ainsi du moins que nous concevons l'expansion vitale des tissus (e).

Ce mécanisme, modifié par la nature des parties, s'observe dans un grand nombre de

---

(e) Si l'on se rappelle la nature que nous attribuons (note (a)) aux propriétés capillaires, on comprendra sans peine l'espèce d'influence, que ces propriétés reçoivent de la part de l'action nerveuse organique. D'ailleurs nous nous expliquerons plus amplement à cet égard, dans un autre moment.

phénomènes vitaux; mais il n'en est aucun où il soit plus marqué, que dans le jeu des parties externes de la génération, éminemment érectiles. Dans l'inaction ou le relâchement, leur vitalité est abandonnée aux propriétés capillaires et à la sensibilité nerveuse générale : sont-elles soumises à une excitation locale et mécanique, ou bien l'imagination reçoit-elle quelque impression qui rappelle le plaisir de l'amour, dans le même instant leur sensibilité nerveuse organique se réveille et s'exalte à un très-haut degré; elle stimule en proportion les facultés des petits vaisseaux, qui se dilatent, s'épanouissent, et admettent le sang en abondance. Bientôt les glandes muqueuses et la prostate elle-même participent à l'excitation générale; elles sécrètent avec activité les fluides nécessaires à l'acte vénérien. Si l'orgasme est prolongé, les testicules, à l'instar des glandes liées à la digestion, fournissent une plus grande quantité de liqueur séminale.

Ces phénomènes appartiennent aux nerfs de la moelle de l'épine, qui se distribuent dans les parties génitales externes. Il est tellement vrai, qu'ils se passent sous l'influence du système cérébral, que la volonté exerce sur eux un empire bien prononcé. Ils nécessitent l'attention soutenue du cerveau, et il suffit la plupart du temps de détourner ses idées sur d'autres objets, pour les faire cesser aussitôt.

Je suis bien trompé, si le mécanisme du mouvement menstruel et de la gestation n'a pas une grande analogie avec l'érection des parties extérieures de la génération, et si les différences qu'il présente, sont autre chose que les modifications de structure et celles de la sensibilité organique, qui appartient aux nerfs des ganglions. Dans les deux cas, il y a toujours développement de cette propriété, épanouissement des tissus, et abord des fluides; la matrice prend de l'accroissement en tous les sens; il en est de même des corps caverneux, du gland, du canal de l'urètre, des grandes lèvres, etc.

XI. Je suppose qu'à l'âge de puberté, quelles que soient les causes prédisposantes et déterminantes, la sensibilité organique de la matrice entre en jeu, qu'elle est immédiatement suivie de l'épanouissement des vaisseaux capillaires et de l'arrivée du sang; que ce mouvement est lent et insensible; qu'il n'apporte pas, dans les premiers jours, un changement de volume assez notable, pour qu'on s'en soit aperçu jusqu'alors; qu'il se prolonge pendant un mois, plus ou moins, suivant la sensibilité individuelle; que ce terme est celui auquel l'accroissement de la sensibilité organique peut arriver, sans le secours d'aucun excitant. Si, dans cet intervalle, la conception a lieu, il continue neuf mois environ ; sinon, la sensibilité s'éteint, les fluides se retirent et les tissus reprennent leur premier état. Mais comme l'action des nerfs de la matrice, n'est pas soumise au repos, la première période n'est pas sitôt terminée, que la seconde recommence, parcourt les mêmes phases, fait place à la troisième, et ainsi de suite, jusqu'à l'âge critique. Cette marche, une fois établie régulièrement, n'est interrompue que par les différentes grossesses.

Pendant et après l'accouchement, les choses se passent, à plusieurs égards, comme après la menstruation. Lorsque le produit de la conception est parvenu à son degré de maturité, l'action nerveuse organique change de direction; elle cesse de stimuler autant les petits vaisseaux, elle agit plus directement et plus fortement sur les fibres contractiles de la matrice; le sang rentre en partie dans le torrent de la circulation, l'autre portion sort par les pores, encore ouverts, de la membrane muqueuse ; le tissu utérin se resserre, l'action nerveuse organique diminue peu à peu ; enfin elle s'éteint. Bientôt elle se réveille, et le mouvement spontané recommence. Arrivé à un certain point, il fait cesser l'excitation que conserve après l'accouchement la sensibilité générale de la membrane muqueuse, et qui donne lieu à la production des lochies (h). Il est ordinaire de voir survenir les règles un mois après les couches, chez les femmes qui ne nourrissent pas.

XII. Il est rare qu'au début de la menstruation, les époques soient régulières ; ce n'est qu'au bout d'un temps plus ou moins long, qu'elles suivent les révolutions menstruelles. La sensibilité organique, à son premier réveil, n'a pas encore revêtu tous les caractères qui lui appartiendront par la suite : l'irrégularité devient encore son partage, à l'approche du temps où elle doit s'éteindre tout-à-fait, et abandonner la matrice à la vitalité générale.

L'érection périodique peut suivre des époques régulières, hors de la gestation, parce que le défaut de cette dernière fonction ne dérange en rien les ressorts de la vie, et que la sensibilité organique, en particulier, conserve à peu près toute son intégrité. L'action de l'estomac serait de même assujettie à des retours fixes, hors de la digestion, si la privation de nourriture ne détruisait l'équilibre de tous les actes de l'éco-

(h) Cette assertion isolée pourrait paraître une conjecture hasardée : je dois avertir qu'elle se rattache à plusieurs considérations, que nous ferons connaître par la suite.

nomie ; l'appétit et la faim se feraient sentir aux mêmes heures que de coutume ; c'est précisément ce qui a lieu dans les premiers instans, chez les malheureux placés subitement loin de tout aliment.

XIII. Le mouvement de la matrice ne se manifeste pas les premiers jours, comme celui qui s'établit dans l'estomac, avant la digestion ou la faim ; celui-ci, comme nous l'avons dit ailleurs, se communique, au moyen des nerfs de la huitième paire; celui-là appartient à des nerfs d'une autre nature ; nous ne sommes pas avertis non plus, dans l'état ordinaire, de l'action des intestins et du cœur. Passé un certain temps, les deux premiers cessent d'être naturels, l'irrégularité s'en empare, ils s'accompagnent de sensations plus ou moins pénibles ; le suc gastrique pleut dans l'estomac, et le sang jaillit à la surface muqueuse de la matrice. Cette période dure plus ou moins long-temps, suivant les tempéramens, les dispositions individuelles et toutes les circonstances susceptibles de modifier l'action nerveuse. J'avoue franchement l'opinion où je suis, que si l'estomac avait les mêmes nerfs et la même structure que la matrice, il présenterait les mêmes phénomènes dans la faim, que ce dernier organe pendant la menstruation.

XIV. Au début de l'action utérine, la membrane

muqueuse ne participe que légèrement à l'excitation de la sensibilité organique. Les mucosités dont elle s'humecte, sont d'abord peu abondantes ; elles n'augmentent que vers la fin du mouvement, et surtout au moment où l'action nerveuse, dénaturée par la privation de son excitant, va bientôt forcer la membrane muqueuse à livrer passage au sang. Souvent on trouve, dans les cadavres, la cavité de la matrice remplie de ces mucosités ; les femmes se plaignent d'en être mouillées, avant d'avoir leurs règles.

L'écoulement sanguin est un phénomène qui doit cesser de nous étonner, si nous avons égard à la disposition indiquée de la sensibilité organique, et à l'engorgement sanguin dont la matrice est en même temps le siége. Les parties qui sont naturellement susceptibles de ce dernier état, sont manifestement disposées à l'exhalation sanguine. Ne voit-on pas fréquemment le canal de l'urètre fournir ce fluide, à la suite d'érections forcées, d'excès de coït ou de masturbation?

XV. C'est encore à ce caractère de la sensibilité nerveuse organique de la matrice, pendant la menstruation, qu'il faut attribuer les mauvaises qualités, que le sang des règles présente le plus souvent. Il est d'observation que le produit des exhalations et des sécrétions change de nature, par une direction vicieuse imprimée aux forces vitales, qui président à ces fonctions. Combien sont nombreuses les causes qui peuvent ajouter encore à cette tendance contre nature des facultés utérines! Les plus puissantes, comme les plus fréquentes, sont, sans contredit, les affections morales et les passions, qui ont tant d'empire sur le système nerveux, et surtout sur le ganglionnaire.

XVI. Ce n'est pas sans danger que cette évacuation se supprime. Cependant je crois que les accidens, qui accompagnent cette suppression, sont plutôt dus à l'altération de la sensibilité et du mouvement organique, qu'au défaut d'écoulement. Les femmes qui voient peu habituellement, n'en sont moins exemptes, que parce qu'elles sont moins sensibles. Soit que la sensibilité organique se dérange, soit qu'elle se rétablisse, c'est toujours consécutivement à ces deux événemens, que les règles perdent ou reprennent leur cours. Dans les mois de juillet et août 1818, je faisais appliquer tous les deux ou trois jours les sang-sues à l'épigastre d'une jeune femme, bien réglée avant cette époque. Il semblerait naturellement que la soustraction artificielle du sang aurait dû rendre les règles de moins en moins nécessaires; eh bien, au contraire, elles reparaissaient tous les six ou huit jours. Je n'y faisais attention, que parce que la secousse générale, dont elles sont toujours suivies, augmentait momentanément les symptômes de la maladie; j'attendais le calme. Je demande s'il n'est pas bien évident que, par les saignées successives, je changeais la vitalité de la matrice, en même temps que celle de l'estomac (affecté d'une inflammation chronique depuis trois ans) ? Ce dernier organe, après chaque application, faisait sentir un besoin pressant des alimens, auquel il était difficile de résister. Les menstrues ont repris leur cours accoutumé, à la fin du traitement.

La connaissance de l'étendue de la vitalité dont la matrice est douée, même dans l'état de vacuité, explique la gravité des accidens qui suivent ordinairement un dérangement dans son exercice, et l'on a moins besoin de recourir à la suppression de l'écoulement sanguin, pour s'en rendre compte. On s'accoutumera, avec nous, à regarder cette suppression plutôt comme un effet que comme une cause. L'opinion contraire est une erreur, dans laquelle on tombe, presque toutes les fois où l'aménorrhée survient sans cause bien connue; et cette erreur est d'autant plus facile à commettre, et d'autant moins dangereuse, que les moyens employés, dans l'intention de rappeler les mois, sont précisément ceux qui conviennent contre la véritable affection, qui paraît avoir son siége dans le système nerveux, et surtout dans le ganglionnaire. Les nerfs reprennent leur type accoutumé; la matrice, ainsi que tous les autres organes, qui sont aussi plus ou moins malades, recouvre son action dans toute son intégrité, et les règles vont bientôt couler.

Une chose bien remarquable, c'est le rétablissement de ce prétendu mouvement dépuratoire naturel, à la fin de longues maladies, qui, presque toujours, ont jeté le sujet dans un épuisement complet. Quel besoin la nature a-t-elle alors d'évacuation et de dépuration? Ne voit-on pas bien qu'une heureuse convalescence tend à ramener tous les actes de la vie à leur état naturel, et que l'écoulement sanguin, qui heureusement cause rarement la faiblesse, n'est que la suite des efforts infructueux de l'action utérine?

L'observation se joint au raisonnement, pour nous déterminer à penser que cette hémorragie, quoique liée naturellement avec l'érection menstruelle, n'est cependant qu'un phénomène secondaire et accessoire, qui ne sert nullement le vœu de la nature. Au lieu d'être, comme on le pense, une condition indispensable et même nécessaire à l'action de la matrice, elle n'est que l'indice de la bonne disposition de cet organe. Il existe des nations entières où l'on ne l'observe pas. Dans nos pays, combien n'a-t-on pas connu de femmes qui en étaient exemptes, et cependant qui sont devenues mères? L'alaitement influence l'action de la matrice, elle limite ses mouvemens: il est rare que les femmes soient réglées pendant qu'elles nourrissent; beaucoup néanmoins conçoivent dans cette situation. On a vu de jeunes filles devenir enceintes, avant d'avoir aperçu aucune trace de menstruation. Dans ce cas on peut croire que la conception a eu lieu dans l'intervalle qui sépare le premier réveil de la matrice, de la première effusion sanguine. Cet espace de temps peut être plus long que de coutume. Dans le principe, les mouvemens, comme nous l'avons déjà dit, s'établissent difficilement: il pourrait même arriver que la première période se terminât sans écoulement.

Les femmes, comme les femelles d'animaux, semblent avoir été destinées, par l'Auteur de la nature, à une reproduction constante et régulière, pendant tout le temps compris entre l'époque de la puberté et l'âge critique, et à remplir, suivant les vœux du philosophe de Genève, toutes les conditions relatives à la maternité. Si cette loi n'eût pas été méconnue, dans l'état social, on connaîtrait à peine cette évacuation périodique. Les femmes qui sont toujours au lait ou aux œufs, comme on dit dans le monde, pour prix de leur fécondité, sont presque entièrement affranchies de cette fâcheuse incommodité.

XVII. L'objet essentiel pour la nature est l'érection habituelle de la matrice, qui rend cet organe propre à concourir à la conception, et lui conserve la faculté d'agir pendant neuf mois sur le produit de cet acte. Cette assertion me paraît si naturelle, que je ne peux m'empêcher de croire que ce mouvement existe même chez les femmes qui ne présentent aucune marque de règles, et chez les femelles d'animaux vivipares.

Il me semble qu'on serait fondé à croire que c'est ce mouvement, porté à un certain degré, qui éveille chez ces dernières le désir de se livrer au coït. L'écoulement sanguinolent qu'on observe dans plusieurs espèces, pendant le rut, n'est-il pas le résultat de l'excitation utérine arrivée à ce point où elle imprime une forte commotion à toute l'économie, et particulièrement aux parties extérieures de la génération? Ne sait-on pas que les femmes sont plus portées au plaisir de l'amour, aux approches de la menstruation et pendant sa durée?

Plusieurs causes contribuent à ce que cette action tacite de la matrice ne soit pas constamment observable, chez les animaux. La lactation, à laquelle sont assujetties toutes les femelles, la rend peut-être encore plus limitée que chez les femmes. Il est rare que celles-là désirent l'approche du mâle, avant la suppression de leur lait. Si l'on prive une femelle de ses petits, si on laisse tarir ses mamelles, aussitôt qu'elle a mis bas, elle ne tarde pas à redevenir amoureuse et mère. Les animaux cèdent au premier désir, et la conception suit toujours le plaisir. Cette opération n'est pas sitôt accomplie, que la sensibilité de la matrice change de caractère, et que l'orgasme vénérien a cessé. Si l'on éloigne la femelle du mâle, ce dernier état persiste, tant que l'excitation organique spontanée de l'utérus n'est pas parvenue à son dernier degré : il disparaît alors, pour s'établir de nouveau, lorsque l'excitation utérine sera revenue au même point. La durée de cet intervalle doit être subordonnée à celle de la gestation et au degré de sensibilité de chaque espèce. Enfin toutes les femelles d'animaux ne sont pas pourvues d'une sensibilité assez grande, pour donner des marques de sang, quoiqu'elles soient privées de l'accouplement.

Un état pathologique, qui cause la suppression de l'écoulement, ne suspend pas l'érection menstruelle, il ne fait que la déranger. On peut s'en convaincre en touchant une femme, dans l'aménorrhée. On la reconnaîtra encore aux signes, que je vais indiquer plus bas. Une altération maladive n'anéantit pas toujours l'action de l'estomac. Le cœur et les intestins, auxquels la matrice ressemble davantage, sous le rapport de ses nerfs et de ses habitudes, continuent de se mouvoir, dans les diverses affections dont ils sont susceptibles.

Quoiqu'il soit très-limité, le volume de la matrice augmente, pendant le mois que dure l'érection périodique. Son col participe à ce mouvement, et l'on sent facilement, pour peu qu'on soit exercé, qu'il est plus gros, plus rénittant quelques jours avant et pendant l'écoulement, qu'immédiatement après. Il m'a semblé même avoir distingué les progrès de son accroissement, dès les premiers jours du mois. Ce fait physiologique est d'une très-grande importance dans la pratique de l'art. J'ai à ma connaissance qu'il a été la source d'erreurs très-graves, commises par des accoucheurs recommandables, qui sans doute n'en avaient aucune notion. Quoiqu'il puisse être connu de beaucoup de médecins, je crois être le premier à en faire mention. Le développement de l'utérus se fait suivant son épaisseur et sa longueur; il n'est pas porté assez loin, pour agrandir sensiblement sa cavité. Son orifice vaginal paraît cependant plus béant ; le col se rapproche de la vulve ; les femmes, à l'époque des règles, ressentent de la pesanteur dans cette région.

Lorsque la conception a lieu, le corps seulement, sur lequel agit directement le stimulus naturel, continue de se développer ; le col lui cède en partie sa sensibilité organique, et paraît rester stationnaire, ou du moins ses mouvemens sont très-bornés, pendant les six premiers mois de la grossesse. A cette époque il s'érige, ainsi que le corps, sans interruption, acquiert de l'épaisseur et se prépare à l'ampliation, qui lui est nécessaire pour donner issue au fœtus, au terme de l'accouchement.

XVIII. La génération pouvant s'opérer jusqu'au moment des règles inclusivement, il est raisonnable de penser que l'excitation déterminée par la semence, à son passage dans la matrice, et principalement celle qui s'établit dans les trompes et les ovaires, tout le temps nécessaire à l'arrivée du germe, suffisent pour changer la direction et l'impulsion de la sensibilité organique et du mouvement menstruel ; en sorte que si une copulation fructueuse a lieu, peu de temps avant l'éruption des règles, celles-ci ne paraissent pas, quoique la matrice soit vide, et que le germe soit encore en chemin. Si déjà elles ont coulé, elles se suppriment aussitôt.

Je crois assez volontiers, avec quelques personnes, que ce moment est moins favorable à la gestation, que les premiers jours de l'érection périodique. La sensibilité de la matrice se trouve portée trop haut; elle est moins en rapport avec la vitalité du germe; les fluides sont trop abondans; l'exhalation des sucs nécessaires au développement de l'œuf a trop d'activité. Pour avoir une bonne digestion, il n'est pas à propos non plus de supporter long-temps l'appétit et la faim.

Une chose dont je ne peux me rendre raison, qui est très-rare, et que je n'ai jamais observée, c'est la continuation des règles pendant la grossesse. Si ce phénomène existe réellement, si l'on n'a pas pris des hémorragies irrégulières, comme j'en ai vues quelquefois, pour une véritable menstruation, espérons de le rencontrer. Alors, peut-être, serons-nous moins embarrassé pour l'expliquer. J'ose croire d'ailleurs que cette circonstance insolite ne sera pas capable d'ébranler un édifice, que j'ai déjà étayé sur un assez bon nombre de points d'appui. Ensuite ne pourrait-elle pas être rangée parmi les anomalies, si multipliées, de la sensibilité organique?

CHAPITRE QUATRIÈME.

Des Corrélations naturelles que l'utérus a avec les autres parties, et des anomalies de la menstruation.

XIX. Pour concevoir ces corrélations, il faudrait connaître celles qui existent entre les deux systèmes nerveux, et en bien apprécier toutes les conditions; car, c'est dans la manière d'être relative de ces agens de la vitalité, qu'il faut placer les phénomènes, dits sympathiques, quelle que soit d'ailleurs la situation anatomique des parties, qui en sont le siége. Telle partie en présente un plus grand nombre, parce qu'elle exige, pour remplir ses fonctions, un concours plus soutenu de la part des nerfs. Il n'est pas juste de dire qu'un organe exerce une influence active et spéciale sur tel ou tel autre organe; mais bien qu'il est en correspondance nerveuse avec lui.

Si l'on se rappelle seulement les communications anatomiques, établies entre les deux centres nerveux; ensuite si l'on estime l'importance, dont est le système cérébral pour les mouvemens du cœur, qui ne reçoit presque que des nerfs ganglionnaires; ne sera-t-on pas naturellement porté à croire que celui-ci a sur les derniers une influence générale, dont les lois nous sont inconnues? Ne semble-t-il pas même que l'action des uns soit subordonnée à celle de l'autre, qu'elle soit dominée par elle? à en juger sur les apparences, on dirait que le seul but du grand sympathique, est de modifier la transmission nerveuse cérébrale. Le fait est qu'ils ont entre eux, non-seulement une harmonie d'action naturelle, mais surtout une corrélation maladive on ne peut plus constante. Celle du système ganglionnaire avec le cérébral, peu connue jusqu'alors, est à mon avis singulièrement variée. Il serait curieux de connaître toutes les maladies ou symptômes de maladie qui en sont le résultat. On aura l'étiologie de bien des affections, quand on pourra juger de toute l'étendue de cette correspondance.

XX. Maintenant, si l'on remarque l'activité et la continuité de l'action utérine, on verra qu'elle suppose nécessairement une coopération forte et soutenue de la part des nerfs, et quelle ne peut avoir lieu, sans qu'une grande partie de leurs forces soit continuellement dirigée vers elle. De cette manière on aura l'explication des relations multipliées, quelle a avec celle des autres organes, dans l'état naturel et dans celui de maladie. Dans le premier, la matrice doit nécessairement présenter plusieurs modes de correspondance nerveuse, qui sont relatifs aux conditions diverses de sa vitalité.

Avant l'âge de puberté, cet organe ne possède que celui départi aux tissus généraux. A cette époque, il ne peut revêtir sa nouvelle habitude, acquérir une sensibilité organique si étendue, sans qu'il s'opère un changement quelconque, une espèce de révolution dans le rhythme actuel des puissances de la vie, et particulièrement dans l'action nerveuse.

La périodicité menstruelle est évidemment composée de deux temps. Dans le premier, le mouvement progressif est naturel, et encore peu considérable ; il ne donne lieu qu'à une légère tension de l'action nerveuse générale : il est probablement une des causes principales de la susceptibilité des femmes, tout le temps qu'elles demeurent propres à la fécondation. Le caractère que nous assignons au deuxième temps, qui répond à l'écoulement, et son rapprochement avec la faim, expliquent assez l'existence des anomalies locales et éloignées, qui l'accompagnent.

La gestation est une fonction selon le vœu de la nature : elle n'est pas suivie de douleurs dans la matrice, et surtout lorsqu'elle ne commence pas à une époque trop éloignée du dernier écoulement sanguin. Cependant, comme le travail des nerfs est, dans ce cas, plus étendu que dans l'état de vacuité, il doit en résulter des symptômes généraux plus prononcés, des mouvemens divers, et même des phénomènes maladifs, pour peu qu'il y ait mauvaise disposition individuelle. Vers la fin de cette fonction, les nerfs dépensent pour elle une forte somme d'action, qui semble être prise sur celle des autres parties, dont la vitalité s'affaiblit, et quelquefois devient irrégulière.

XXI. Vers le déclin de l'âge, à cette époque où la femme n'a plus assez de vie pour la communiquer à un nouvel être, la nature prévoyante suspend l'exercice de la matrice, afin de ne pas employer à pure perte des puissances dont elle a besoin. Quoiqu'il soit difficile de concevoir que cette opération puisse se faire sans un trouble plus ou moins grand et passager, il n'est pas douteux qu'elle serait toujours avantageuse pour l'individu, comme pour l'espèce, si elle n'était jamais compliquée par des causes et des circonstances étrangères, qui la convertissent si souvent en un acte pénible et dangereux. Les femmes, dont la vie a été conforme au vœu de la nature, ont plutôt à se louer du bienfait, qu'à se plaindre de maladies. Admirons donc la sagesse infinie de la nature, si nous n'aimons mieux lui reprocher de ne pas maintenir notre espèce dans un état de jeunesse et de vigueur perpétuelles !

XXII. Quant aux dérangemens accidentels des fonctions de la matrice, il faut encore en attribuer la fréquence à l'étendue de sa vitalité. La moindre altération dans l'équilibre des puissances nerveuses peut se faire sentir à cet organe. On doit même s'étonner de ce qu'il ne soit pas plus souvent malade, quand on réfléchit à la multitude des causes qui peuvent agir sur lui, soit directement par le système ganglionnaire, soit médiatement par le cérébral.

Ici se présente, en dernier lieu, un problème dont la solution se rattache à des considérations trop nombreuses, pour espérer de la donner complète dans ce moment : elle nous entraînerait trop loin de notre sujet. On sent qu'il s'agit des aberrations et du déplacement des règles. Je me contenterai de dire que ce phénomène tient à certaines conditions de l'action nerveuse, et de le comparer au transport d'une dartre sur un organe interne, d'une suppuration des poumons vers la marge de l'anus, etc. Ce rapprochement paraîtra peut-être singulier, mais je crois qu'il sera possible d'établir qu'il repose sur la même théorie. On se rappelle que je considère l'écoulement menstruel comme un état contre nature, un état d'irritation, pour ainsi dire : or, ne puis-je pas le comparer, sous quelque rapport, à un état maladif?

Ce n'est probablement que la période sanguine, qui soit susceptible de cette anomalie, sans que le mouvement utérin antérieur à cette période, en soit dérangé : c'est pourquoi dans certains cas, les aberrations, toujours subordonnées à ce mouvement, suivent les mêmes révolutions, que les menstrues naturelles.

Nota. Messieurs les Commissaires de la société de médecine, chargés de l'examen de ce travail, outre les éloges flatteurs, qu'ils ont bien voulu lui donner, n'ont pas laissé supposer qu'aucune des propositions, que j'ai avancées, fût erronée ; dans ce cas je crois être autorisé à penser que, quoiqu'elles soient loin d'avoir reçu tout le développement dont elles sont susceptibles, elles sont assez nombreuses et assez caractéristiques, pour faire connaître, à peu près, le phénomène de la menstruation, et dissiper en grande partie les ténèbres où il était plongé. Ce point important nous paraissant décidé, il ne portera plus obstacle à l'étude générale de la vie, que nous rattachons, presque tout entière, à une seule base ; à l'existence d'un principe unique, sensible et moteur, soumise, seulement en partie, à l'action des deux appareils nerveux.

TABLE DES MATIÈRES.

AVANT-PROPOS.

CHAPITRE PREMIER.

CHAPITRE II.

CHAPITRE III.

CHAPITRE IV.

ERRATUM.

Page 23, *ligne* 3 : me font pencher; *lisez*, me fait pencher.

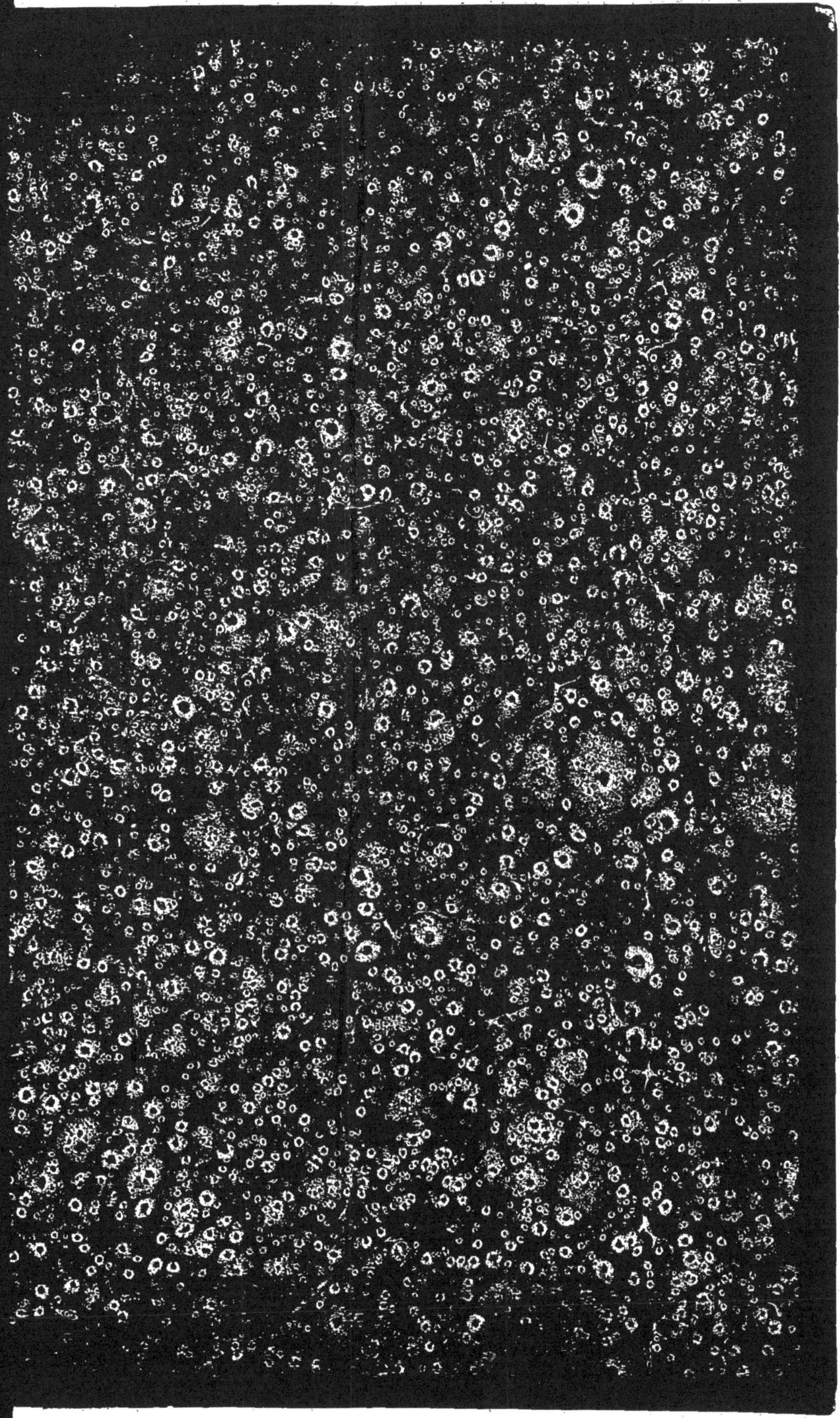

BIBLIOTHEQUE NATIONALE DE FRANCE
3 7511 00176193 4

www.ingramcontent.com/pod-product-compliance
Ingram Content Group UK Ltd.
Pitfield, Milton Keynes, MK11 3LW, UK
UKHW021148230726
13926UKWH00002B/991